L'UNIFICATION DE L'HEURE

A PARIS

ET

DANS TOUTE LA FRANCE

PAR

COLLIN

HORLOGER-MÉCANICIEN

CHEVALIER DE LA LÉGION D'HONNEUR

Sʳ DE B.-H. WAGNER

118, rue Montmartre, 118

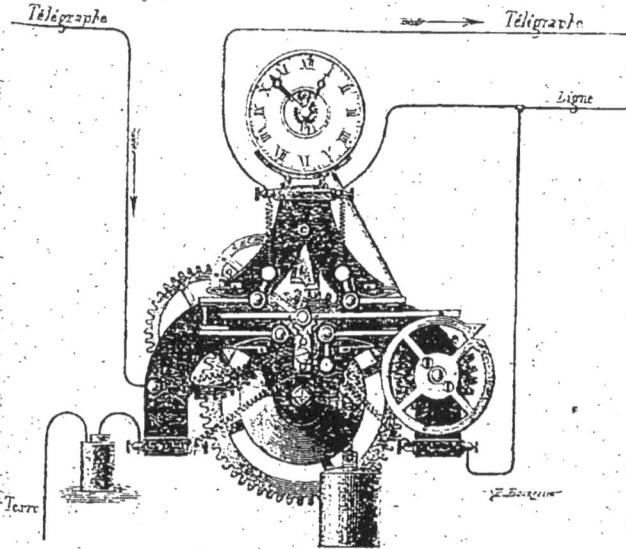

1866. — MON 1ᵉʳ BREVET

1867. — CONFÉRENCE par LEVERRIER à l'Observatoire. — APPAREIL COLLIN pour l'unification de l'heure.

1875. — Nomination de la Commission municipale pour l'unification de l'heure, dans Paris.

1877. — Publication de ma 1ʳᵉ brochure.

—

1880

L'UNIFICATION DE L'HEURE

A PARIS

ET

DANS TOUTE LA FRANCE

PAR

COLLIN

HORLOGER-MÉCANICIEN

CHEVALIER DE LA LÉGION D'HONNEUR

Sr DE B.-H. WAGNER

118 rue Montmartre, 118

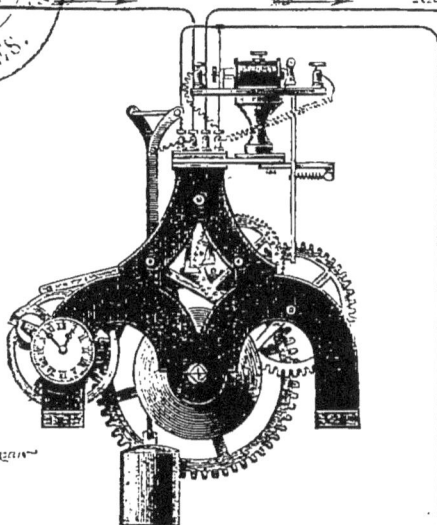

Télégraphie — Télégraphie — Terre

1866. — MON 1er BREVET

1867. — Conférence par LEVERRIER à l'Observatoire. — APPAREIL COLLIN pour l'unification de l'heure.

1875. — Nomination de la Commission municipale pour l'unification de l'heure dans Paris.

1877. — Publication de ma 1re brochure.

—

1880

C

AVANT-PROPOS

L'unification de l'heure est à l'ordre du jour !

C'est une grande question qui m'est devenue familière, grâce à des recherches que je poursuis sans relâche depuis plus de quinze ans.

Dès l'année 1866, comprenant que le système pneumatique, breveté par moi en 1865, était insuffisant (1), je prenais un brevet qui m'assurait la propriété d'un système de remise à l'heure par l'électricité, que M. Th. du Moncel, membre de l'Institut, a jugé digne d'être décrit dans son *Traité des applications de l'électricité* (voir 4e vol.,

---

(1) Il est cependant bon, dans certaines conditions. C'est ainsi que le grand cadran de l'orgue de Notre-Dame de Paris, et les cadrans intérieurs et extérieurs du casino de l'établissement thermal de Vichy fonctionnent très régulièrement, depuis 1865, par mon système pneumatique.

pages 13, 14, 27 et suivantes, 41, 64, 70 et suivantes).

Ce ne fut qu'en 1875, neuf ans après mon brevet, que l'illustre Leverrier, qui m'avait fait faire, à l'Observatoire, des essais de mon système (1), parvint à faire nommer une commission de savants et d'ingénieurs (2), chargée de rechercher les moyens de résoudre le problème pour la ville de Paris (3).

---

(1) Je connaissais Leverrier depuis 1847 ; j'avais servi d'interprète entre lui et mon illustre maître et ami, Dent, horloger et membre de la Société Royale de Londres, lorsque ce dernier, en qualité de délégué de la Société Royale, lui remit la grande médaille que ce corps savant lui avait décernée à l'occasion de sa découverte de Neptune. Leverrier voulut bien se souvenir de moi quand je fus établi, et il me chargea de divers travaux. En 1867, il donna une description de mes appareils électriques de remise à l'heure dans une conférence qu'il fit à l'Observatoire.

(2) M. le Préfet de la Seine, président ; MM. Tresca, Becquerel, Wolff, du Moncel, Alphand, Ballu, Davioud, Ney, et Baron, ingénieur des Télégraphes.

(3) M. Huet, ingénieur en chef de la Direction des travaux de Paris, assisté de M. Williot, chef du service technique, s'occupe tout spécialement des applications et des études y relatives.

Mes travaux incessants sur l'unification de l'heure m'ont amené à créer un grand nombre d'appareils qui, tous, ont satisfait, non seulement à des expériences diverses et longtemps continuées, mais encore à des APPLICATIONS EN GRAND, dont certaines datent de plusieurs années (1).

Je crois remplir un devoir en faisant connaître au public ce qu'une longue pratique m'a appris, et en exposant, aussi nettement et aussi méthodiquement que je le pourrai faire, les moyens les meilleurs d'unifier l'heure à Paris et dans toute la France.

Cette brochure est divisée en deux parties :

La première partie, dégagée de tout détail

---

(1) **A Paris** : École polytechnique (horloges et pendules), lycée Charlemagne, lycée Fontanes, collège Rollin, collège Chaptal, casernes de la Cité, hôpital de la Charité, mairies des IVᵉ, VIᵉ, VIIᵉ, VIIIᵉ, XVIᵉ arrondissements, églises de la Trinité, de Saint-Philippe-du-Roule, de Notre-Dame de Bonne-Nouvelle, de Saint-François-Xavier, tour Saint-Germain-l'Auxerrois. **Ville de Roubaix tout entière** (horloges monumentales et candélabres d'éclairage des places et rues).

technique, indique comment on doit s'y pren-
dre, selon moi, pour arriver économiquement et
sûrement à l'unification de l'heure à Paris et
dans toute la France.

La seconde partie donne des indications
sur les instruments qu'il convient d'employer
pour atteindre le but (1).

COLLIN.

(1) Tous mes appareils fonctionnent chez moi, je me ferai
un plaisir de les montrer aux personnes que cela pourra inté-
resser.

PREMIÈRE PARTIE

EXPOSÉ

L'expérience a démontré que l'électricité est un agent TROP PEU PUISSANT, trop capricieux et trop infidèle pour qu'on puisse en user comme *moteur* d'horloges ou de compteurs. Il faut donc, pour arriver à l'unification de l'heure, renoncer à l'emploi de l'électricité en tant que force motrice. Il faut conserver les horloges anciennes avec leurs moteurs mécaniques, poids ou ressorts, et ne se servir de l'électricité que pour les régler, automatiquement et périodiquement, de façon à les contraindre à donner l'heure exacte.

Le *réglage électrique*, qui est le seul moyen d'arriver, économiquement et sûrement, à l'unification de l'heure, est, depuis de longues années, l'objet de mes études, ainsi que le constatent les divers brevets que j'ai pris de 1866 à 1880.

Dans une brochure, publiée au commencement de 1877, j'ai dit qu'il était inutile, pour les besoins de la vie ordinaire, que l'unification de l'heure se fît à chaque seconde, parce que, d'une part, le public n'a guère besoin d'avoir l'heure à la seconde et que, d'autre part, les horloges ne donnent pas la seconde et ont, d'ailleurs, dans leurs aiguilles, des jeux qui rendent impossible la constatation d'une différence d'une ou de quelques secondes.

Cela est vrai et doit être maintenu pour les horloges publiques ou particulières, qui n'ont à satisfaire qu'aux besoins de la vie civile, mais il est bien entendu que les pièces de quelque précision doivent donner la seconde et qu'il est extrêmement désirable que le public puisse se procurer, au besoin, l'heure exacte à la seconde.

Or, il est facile d'arriver à ce résultat. Voici comment :

A l'Observatoire, on obtient astronomiquement, chaque jour ou, du moins, à des intervalles de temps très rapprochés, la détermination *exacte* de l'heure pour le méridien de Paris.

Cette heure obtenue sera conservée à l'aide de pièces de très-haute précision placées sous les yeux des astronomes dans les conditions les plus favorables. Ce seront les *Garde-Temps*.

L'heure des *Garde-Temps* sera confiée à des *Régulateurs-types* de précision, qui, par l'emploi des courants électriques, régleront et maintiendront réglées d'autres horloges qui, elles-mêmes, seront construites avec soin et qui deviendront, sous le nom de *Centres-horaires*, des types chargés de régler les diverses horloges qui leur seront reliées électriquement.

Les *Centres-horaires* donneront la seconde, et les horloges réglées par les *Centres-horaires* donneront l'heure avec toute la précision que comporteront la disposition et le jeu de leurs aiguilles ; en tous cas, avec beaucoup plus d'exactitude qu'il n'en faut pour la vie civile.

Comme *mon système de remise à l'heure* ne demande l'emploi de l'électricité que pendant un petit nombre de secondes, soit toutes les heures, soit toutes les six heures, toutes les douze heures ou toutes les vingt-quatre heures, on conçoit qu'il sera facile d'emprunter pour le service de l'unification de l'heure les lignes télégraphiques existantes, sans nuire en rien au service des dépêches.

On arrivera donc à l'unification de l'heure, non seulement à Paris, mais encore, *si on le veut, dans toute la France,* par des moyens sûrs et peu coûteux.

Les bases principales de l'organisation que je propose sont, en effet, les suivantes :

1° L'emploi des lignes télégraphiques existantes ou même des Lignes téléphoniques ;

2° L'emploi des horloges existantes qui, qu'elles soient bien ou mal construites, régulières ou non, seront toujours contraintes, par ma remise à l'heure électrique, à donner l'heure exacte.

Ceci indiqué, je vais entrer dans quelques détails qui permettront de bien comprendre mes idées.

DESCRIPTION GÉNÉRALE DU SYSTÈME

Des Garde-Temps. — A l'Observatoire de Paris on installera deux régulateurs de très haute précision, que j'appelle les *Garde-Temps.*

Ces deux *Garde-Temps* seront remis à l'heure d'après les observations exécutées par les astronomes en vue de la détermination de *l'heure exacte.*

Ils seront placés à l'abri des trépidations du sol, à l'abri de l'humidité, dans un local spécial dont la température sera aussi constante que possible. En un

*

mot, on réalisera pour eux toutes les conditions qui leur permettront de conserver l'heure exacte.

On ne s'en servira que pour garder le temps.

Des Régulateurs-types. — A côté de ces deux *Garde-Temps*, *dépositaires de l'heure*, on placera ce qu'on pourra appeler les *têtes de ligne* de transmission de l'heure.

Ces *têtes de ligne* seront constituées par six bons régulateurs de précision que j'appellerai *Régulateurs-types*.

Ces six *Régulateurs-types* devront avoir une très bonne marche se rapprochant le plus possible de celle des deux *Garde-Temps* sur lesquels ils seront réglés.

Ces *Régulateurs-types* seront munis de divers contacts électriques nécessaires pour donner la seconde, la minute ou les autres intervalles de temps qu'on voudra.

Le contact donnant la seconde sera employé, si on adopte le système de réglage des *Centres-horaires* à la seconde par le pendule.

Le contact à minute sera plus spécialement employé si l'on s'en tient complétement à mon système. En tous cas, les *Régulateurs-types* auront un contact spécial se faisant cinq secondes avant l'heure et cessant à l'heure juste.

On verra plus loin dans quel but *éminemment utile* ce contact spécial est institué.

Sur les six *Régulateurs-types*, quatre seulement seront en usage effectif; les deux autres, constituant un corps de réserve, ne seront mis en service qu'en cas d'accident nécessitant la réparation d'un ou de deux des quatre premiers.

Voyons ce qu'on fera de ces têtes de lignes constituées par les *Régulateurs-types*.

Usage des Régulateurs-types. — Les quatre *Régulateurs-types* en service distribueront ou rompront, soit par eux-mêmes soit au moyen de relais (1), des courants électriques rayonnant dans un certain nombre de directions de façon à régler les *Centres-horaires* dont il va être parlé. A cet effet, si les transmissions s'opèrent à chaque seconde, c'est-à-dire d'une façon presque continue, on devra employer nécessairement des fils spéciaux ou *lignes spéciales*.

Si, au contraire, on adopte complétement mon système, si on se contente de régler les *Centres-horaires* d'une façon intermittente, c'est-à-dire à des intervalles de temps d'une heure ou plus, on pourra user des lignes télégraphiques existantes.

Des Centres-horaires. — Les *Centres-horaires* seront les intermédiaires entre les *Régulateurs-types* de l'Observatoire, faisant tête de ligne, dont il vient d'être parlé, et les horloges ou pendules à régler.

Ces *Centres-horaires* seront des régulateurs ou, pour mieux dire, de très petites horloges, bien et fidèlement construites, établies de façon à pouvoir donner une bonne marche dans tous les endroits où il sera nécessaire de les placer.

Ils donneront au public, à l'extérieur, l'heure, la minute et la seconde.

Emplacements des Centres-horaires. — On les

---

(1) Je préférerais qu'on évitât de se servir des relais, dont l'inconvénient est de nécessiter des contacts multiples qui peuvent manquer.

placera à la façade des bureaux télégraphiques et de poste.

Cette place est nécessairement indiquée :

1° Parce que c'est aux bureaux télégraphiques que se trouvent les fils avec lesquels les *Centres-horaires* devront être mis en rapport pour remettre à l'heure les horloges.

2° Parce que les employés des postes et télégraphes constitueront un personnel tout formé, pouvant surveiller et entretenir les piles et, au besoin, le mécanisme de remise à l'heure.

3° Parce que c'est à ces bureaux que le public aura le plus besoin de trouver l'heure exacte.

Réglage ou mise à l'heure des Centres-horaires.
J'ai indiqué déjà que l'on pouvait envoyer un courant, à chaque seconde, des têtes de ligne de l'Observatoire à chaque *Centre-horaire*, pour régler, à chaque seconde, chacun des *Centres-horaires* par le pendule.

Mon opinion n'est pas favorable à ce système de réglage *presque continu*, et, pour ma part, je préférerais qu'on se contentât de remettre les *Centres-horaires* à l'heure à des intervalles rapprochés, par exemple, toutes les heures ou même toutes les six heures.

Je vais exposer ici les inconvénients du réglage des *Centres-horaires* à toutes les secondes et, ensuite, je reviendrai à mon système.

Des inconvénients du réglage des Centres-horaires à chaque seconde. — Si, contre mon espoir, on réglait les *Centres-horaires* à chaque seconde il faudrait établir de l'Observatoire à chacun des *Centres-*

horaires des lignes spéciales, ce qui occasionnerait de grandes dépenses d'établissement et d'entretien.

Les piles travailleraient constamment, elles s'épuiseraient et s'useraient vite. — De là des dépenses pour le renouvellement et l'entretien continuel de ces piles.

La nécessité où l'on serait d'avoir des lignes spéciales restreindrait l'unification de l'heure à la Ville de Paris et rendrait impossible la réalisation de l'idée, très pratique et éminemment utile, de *l'unification de l'heure dans toute la France.*

Ajoutons que, dans le réglage à chaque seconde, il faut compter avec une difficulté pratique, celle des *contacts.*

Pour obtenir, à chaque seconde, le passage d'un courant électrique, on adapte sur les *Régulateurs-types* deux séries de trois contacts qui doivent être soulevés par le pendule à la fin de chacune de ses oscillations. Or, quelques soins minutieux qu'on apporte à l'exécution de ces séries de contacts, il est certain que le travail qu'on impose au pendule peut altérer la marche du *Régulateur-type.*

On est, d'ailleurs, si peu sûr des contacts qu'on les multiplie pour pouvoir, pendant la marche, les soulever et les nettoyer souvent.

Ainsi, en vue de rechercher une exactitude absolue, on complique le *Régulateur-type* et on le charge, au risque de le rendre infidèle et de perdre, par les irrégularités de marche qui peuvent se présenter, ce qu'on espère obtenir par la transmission à chaque seconde.

Il vaut mieux, selon moi, ne pas faire de contact

toutes les secondes et n'avoir qu'un contact, soit toutes les heures, soit moins souvent encore.

Sans doute, il peut, à la rigueur, se faire qu'en agissant ainsi on n'ait l'heure qu'à une fraction de seconde près ; mais cette fraction de seconde, qui représenterait la variation de marche du *Centre-horaire* en une heure, restera toujours inaperçue et on réalisera une économie énorme tout en gagnant en sûreté.

On peut m'objecter qu'avec la transmission de l'Observatoire à chaque *Centre-horaire* à chaque seconde, on pourrait, puisqu'on aurait des lignes spéciales, user de ces lignes pour recevoir à l'Observatoire des signaux des *Centres-horaires* ;... que, même, on pourrait disposer les choses de telle sorte que *les pendules des Centres-horaires* fissent agir des galvanomètres ou des compteurs indiquant à l'Observatoire leur marche et leurs arrêts...

Certes, ce serait faisable ! Mais ce serait très cher, très compliqué et médiocrement utile.

Il est clair que les *Centres-horaires* étant aux bureaux télégraphiques, l'employé surveillant enverra de suite, en cas d'accident, une dépêche à l'horloger chargé de l'entretien qui viendra, aussitôt, réparer le désordre.

En résumé, les inconvénients principaux du système de réglage presque continu ou de transmission à chaque seconde sont les suivants :

1° Obligation d'avoir des lignes spéciales, très coûteuses d'établissement et d'entretien.

2° Dépense pour le remplacement des piles qui, travaillant sans cesse, s'useront vite.

3° Obligation de restreindre, de peur de trop dépenser, le nombre des *Centres-horaires*.

4° *Impossibilité d'unifier l'heure dans toute la France.*

5° Obligation de surveiller et d'entretenir, sans cesse, à l'Observatoire, les contacts des *Régulateurs-types*.

Je dois faire ici une observation qui a son utilité.

J'ai, pendant des années, mis en expérience des contacts de tous genres, en vue de faire la transmission à chaque seconde.

J'ai obtenu des résultats excellents en procédant, à chaque seconde, non pas par émission du courant comme on le fait dans le système que je viens de discuter, mais, au contraire, par rupture du courant. Il faut rompre le courant au moment même où le pendule du type passe dans la verticale. Cela affecte bien moins la marche que quand on agit à la fin de l'oscillation.

Des Centres-horaires remis à l'heure par mon système. — Je crois que mon système qui, je le répète, consiste à remettre les *Centres-horaires* à l'heure, toutes les heures, devrait être adopté de préférence à celui dont il vient d'être parlé.

On aurait l'heure à une fraction de seconde près, et on réaliserait les avantages suivants :

1° On se servirait des lignes télégraphiques existantes. On ferait, de ce chef, une énorme économie.

2° On pourrait, à raison de l'économie indiquée ci-dessus, multiplier les *centres-horaires* et régler automatiquement, non seulement toutes les horloges de Paris, mais bien *toutes les horloges de France.*

3° On conserverait longtemps les piles, puisqu'elles n'agiraient que toutes les heures ou même, si on voulait et ce qui vaudrait mieux selon moi, à des intervalles plus éloignés.

Ce serait encore une très notable économie.

4° On n'aurait que peu de chose à faire pour l'entretien des contacts. En effet, en réglant toutes les heures, on aurait **un** *contact* par heure, au lieu des **3,600** contacts par heure que nécessiterait le réglage à chaque seconde.

Et si on ne réglait que toutes les six heures, on aurait **un** *contact* en six heures au lieu des **21,600** contacts que nécessiterait le réglage à chaque seconde.

Tous ces avantages sont certains. Le principal est la possibilité d'arriver aisément à *l'unification de l'heure dans toute la France*. J'y attache une extrême importance, et je veux montrer comment on atteindra ce but.

Unification de l'heure dans toute la France par mon système. — Nous savons déjà que les *Régulateurs-types* de l'Observatoire régleront les divers *Centres-horaires*, placés aux bureaux télégraphiques, où ils donneront l'heure au public. Les *Centres-horaires* régleront eux-mêmes, autour d'eux, les horloges diverses qui leur seront reliées.

C'est ainsi que l'unification de l'heure se fera à Paris (1).

---

(1) A Paris, l'Observatoire pourrait envoyer l'heure exacte de ses régulateurs-types à un centre-horaire principal placé à l'Hôtel de Ville, qui enverrait l'heure aux bureaux télégraphiques des vingt mairies, par les lignes déjà existantes.

Voici maintenant comment on agira pour l'unification de l'heure dans toute la France.

A l'administration centrale des télégraphes, rue de Grenelle, endroit où aboutissent toutes les lignes télégraphiques, on établira un *Centre-horaire* réglé par l'un des *Régulateurs-types* de l'Observatoire.

De ce *Centre-horaire* partiront des courants qui suivront les voies ferrées par les fils dits omnibus, qui desservent télégraphiquement toutes les stations. On remettra ainsi à l'heure, au grand avantage des compagnies, toutes les horloges des stations de chemin de fer. On unifiera donc l'heure sur tous les chemins de fer.

L'horloge de chaque station enverra elle-même, par les fils télégraphiques existants, l'heure au bureau télégraphique de la ville voisine.

Là, un *Centre-horaire* remettra à l'heure toutes les horloges de la ville.

On voit que l'unification de l'heure en France est bien loin d'être une utopie !... C'est, au contraire, une œuvre très réalisable et très pratique, et nous pouvons affirmer qu'un jour *on unifiera l'heure dans toute la France.* C'EST CERTAIN (1) !

---

(1) Il est bien entendu que, pour les horloges autres que celles des chemins de fer, on pourrait tenir compte, par les aiguilles, des différences d'heures résultant de la situation géographique. — On aurait exactement l'heure de Paris, pour le chemin de fer; et on aurait, exactement aussi, l'heure locale. Du reste, cela existe déjà dans plusieurs villes, notamment à Roubaix.

Dès aujourd'hui, l'heure peut être unifiée dans toutes les localités où le télégraphe a pénétré, et, dans l'avenir, l'unification de l'heure se développera en même temps que le réseau télégraphique s'étendra, en sorte que toute commune qui recevra le télégraphe électrique pourra, en même temps, recevoir l'heure de Paris.

Sûreté du système. — Peut-il y avoir un danger, un inconvénient quelconque à relier ainsi les horloges de France à l'Observatoire de Paris?

Non !

1º Parce que mon système, déjà expérimenté en grand depuis longtemps, a toujours bien fonctionné.

2º Parce que ce système, qui est aussi indépendant que possible des irrégularités et des caprices de l'électricité, se borne à user de l'électricité pour une mise à l'heure qui laisse à l'horloge réglée son existence propre et sa marche individuelle ; d'où il suit qu'un accident dans la transmission n'arrêtera jamais l'horloge réglée qui continuera de donner l'heure au public.

En sorte qu'à supposer que, pour une cause ou pour l'autre, il arrive que le réglage ou la remise à l'heure manque une fois ou deux, l'horloge n'en continuera pas moins de donner l'heure avec une certaine erreur un peu augmentée par le défaut d'un ou de deux réglages, erreur qui se corrigera au prochain réglage qui se produira.

Signaux de réglage. — J'ajoute que si on voulait se rendre compte du réglage et établir un contrôle, on y arriverait aisément à l'aide des *Signaux automatiques* de mon invention, qui permettraient de constater, une ou plusieurs fois par jour, les différences entre l'heure de l'Observatoire et l'heure soit des *Centres-horaires*, soit des horloges réglées par eux.

Ces *Signaux automatiques* seraient précieux pour les horlogers qui voudraient avoir l'heure très exacte ; en effet, ils pourraient, en reliant leurs régulateurs avec le réseau télégraphique, constater, à la seconde, les différences entre l'heure de l'Observatoire et l'heure indiquée par leurs régulateurs.

Avantages généraux de l'unification de l'heure. — Il est à peine besoin d'indiquer quels avantages présenterait l'unification de l'heure dans toute la France.

Le service des chemins de fer serait régularisé, facilité et certaines causes d'accidents disparaîtraient.

Les marins pourraient, dans nos ports, surtout avec l'aide de mes *Signaux automatiques*, vérifier, sans peine et chaque jour, leurs chronomètres de bord qui, comme on sait, déterminent, quand leurs indications sont exactes, la vraie situation du navire en pleine mer et lui permettent de naviguer avec sécurité.

Tout cela saute aux yeux !

Mais il est un avantage qui me touche plus particulièrement parce que je suis horloger et que j'aime avec passion cet art de l'horlogerie qui m'a fait vivre, qui m'a causé bien des déboires et qui m'a aussi, parfois, procuré de bien vives jouissances.

Cet avantage serait le relèvement de l'horlogerie en France.

L'art de l'horlogerie, qui a été chez nous si florissant et qui a été pratiqué par tant de Français illustres, n'est pas assez encouragé.

Le public n'en comprend pas bien l'importance et achète des objets de qualité détestable qui lui sont offerts à bas prix par des commerçants qui n'ont d'horlogers que l'enseigne.

Les artistes se découragent; on ne forme plus de bons apprentis, et les ouvriers capables deviennent de plus en plus rares.

Tout cela est déplorable ! Bientôt, si on n'y prend garde, nous ne pourrons plus lutter avec certaines nations étrangères qui, tandis que nous déclinons, progressent et marchent à pas de géant.

L'unification de l'heure apporterait un remède à cette situation.

Si les horloges étaient toutes bien réglées, si les *Signaux automatiques* étaient établis pour contrôler le réglage et donner ainsi le moyen d'avoir, à la seconde juste, l'heure de l'Observatoire, le public français sortirait certainement de son indifférence. Il voudrait avoir des montres et des pendules marchant bien. Il voudrait avoir l'heure dans sa poche et chez lui et il se dégoûterait de ces montres et pendules de mauvais aloi dont le marché est inondé.

On rechercherait les horlogers dignes de ce nom. On se montrerait exigeant envers eux et cela les stimulerait. Ils chercheraient à bien faire !... Sûrs d'écouler à des prix rémunérateurs de bonnes pièces, ils s'efforceraient d'en produire et, dans ce but, ils s'attacheraient les bons ouvriers, formeraient de bons apprentis et perfectionneraient leur outillage.

Enfin l'État et les administrations publiques suivraient le mouvement de l'opinion et renonceraient au système de la mise en adjudication au rabais des travaux d'horlogerie.

C'est dans une intention excellente et en vue de ménager les deniers publics qu'on a adopté ce système ! Mais on s'est trompé ! On a oublié qu'en horlogerie surtout, le bon marché est ruineux.... On n'a pas songé que l'adjudication au rabais est un appât pour les spéculateurs et un obstacle pour les artistes qui veulent faire des ouvrages excellents.

Ce système d'adjudication au rabais, s'il se continuait quelque temps encore, produirait les plus funestes résultats.

L'horlogerie, pour certains privilégiés, est une science ; pour d'autres, plus humbles, c'est un art. Il n'y a pas de pièce d'horlogerie où l'intelligence et le goût de son auteur n'ait une grande part.

On peut mettre au concours des œuvres d'art, on ne peut les mettre en adjudication au rabais ! !

FIN DE LA PREMIÈRE PARTIE

NOTA. — *Tous les appareils imaginés et construits par moi, et dont il sera parlé dans la seconde partie, fonctionnent dans mon établissement, rue Montmartre, 118. Je me tiendrai à la disposition des personnes qui voudront les examiner.*

IMPRIMERIE CENTRALE DES CHEMINS DE FER. — A. CHAIX ET Cⁱᵉ
RUE BERGERE, 20, A PARIS. — 8322-0.

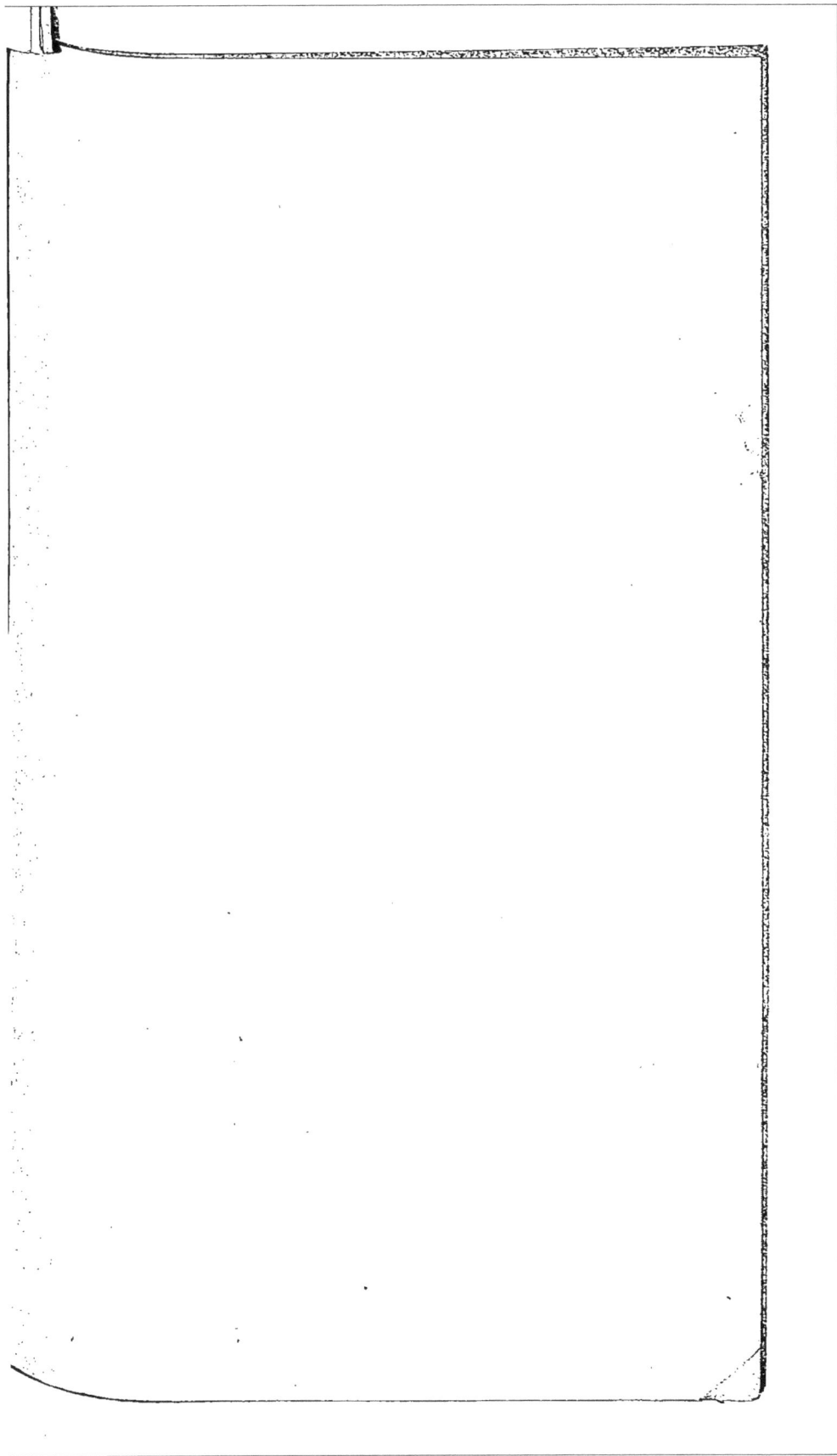